Mental Maths

Ages 5 – 8

Fidelia Nimmons

Text ©Fidelia Nimmons 2014
First published 2014

Fidelia Nimmons asserts the moral right to be identified as the author of this work.

All rights reserved. No part of this publication may be reproduced, stored in a retrieval system, or transmitted in any form or by any other means, electronic, mechanical, photocopying, recording or otherwise, without prior permission from the author.

Website: www.ifitmatters.weebly.com/
Enquiries and contact: www.ifitmatter.weebly.com/

Mental Maths

Test 1	Test 2
1 + 2 =	2 + 5 =
2 + 0 =	4 + 1 =
3 + 1 =	3 + 5 =
2 + 2 =	4 + 4 =
4 + 1	0 + 5 =
0 + 4 =	4 + 4 =
2 + 1 =	5 + 2 =
2 + 3 =	3 + 3 =
4 + 1 =	2 + 4 =
1 + 1 =	5 + 5 =
0 + 3 =	2 + 2 =
2 + 0 =	5 + 4 =
0 + 0 =	2 + 3 =
	1 + 5 =
	4 + 3 =
	4 + 0 =
	1 + 1 =

Test 3	Test 4
2 + 4 =	2 + 7 =
1 + 6 =	3 + 1 =
4 + 5 =	5 + 5 =
2 + 3 =	9 + 1 =
2 + 4 =	5 + 3 =
6 + 3 =	4 + 4 =
1 + 5 =	3 + 6 =
7 + 2 =	1 + 7 =
3 + 3 =	5 + 4 =
2 + 2 =	1 + 1 =
3 + 6 =	6 + 1 =
8 + 1 =	2 + 6 =

Test 5	Test 6
1 + 3 + 5 =	7 + 2 + 1 =
2 + 5 + 1 =	1 + 1 + 3 =
3 + 1 + 3 =	2 + 6 + 2 =
1 + 1 + 1 =	7 + 1 + 2 =
2 + 2 + 2 =	6 + 2 + 1 =
3 + 3 + 3 =	3 + 1 + 2 =
6 + 1 + 2 =	2 + 2 + 5 =
1 + 1 + 8 =	3 + 1 + 4 =
2 + 3 + 4 =	2 + 1 + 6 =
5 + 2 + 2 =	1 + 1 + 7 =
6 + 1 + 4 =	1 + 5 + 4 =
4 + 4 + 1 =	4 + 2 + 3 =
2 + 5 + 1 =	1 + 3 + 5 =

Test 7

1 + 0 =

9 + 0 =

5 + 0 =

2 + 0 =

10 + 0 =

0 + 10 =

3 + 0 =

7 + 0 =

0 + 7 =

6 + 0 =

8 + 0 =

0 + 8 =

0 + 1 =

Test 8

4 + 3 =

6 + 2 =

3 + 8 =

7 + 3 =

5 + 5 =

7 + 4 =

5 + 6 =

6 + 6 =

1 + 10 =

8 + 2 =

8 + 4 =

4 + 6 =

9 + 3 =

Test 9	Test 10
2 – 1 =	6 – 2 =
4 – 2 =	8 – 4 =
5 – 1 =	7 – 5 =
5 – 2 =	6 – 5 =
4 – 4 =	3 – 2 =
3 – 2 =	9 – 2 =
5 – 5 =	10 – 1 =
2 – 2 =	5 – 5 =
5 – 3 =	6 – 4 =
4 – 3 =	7 – 1 =
3 – 2 =	10 – 2 =
1 – 1 =	4 – 1 =
3 – 1 =	9 – 8 =

Test 11

10 − 2 =

10 − 5 =

10 − 8 =

10 − 1 =

10 − 0 =

10 − 7 =

10 − 3 =

10 − 9 =

10 − 10 =

10 − 4 =

10 − 6 =

10 − 2 =

10 − 4 =

Test 12

9 − 0 =

9 − 1 =

9 − 8 =

9 − 2 =

9 − 6 =

9 − 9 =

9 − 3 =

9 − 4 =

9 − 5 =

9 − 7 =

10 − 5 =

10 − 9 =

10 − 4 =

Test 13	Test 14
8 − 1 =	7 − 7 =
8 − 6 =	7 − 6 =
8 − 2 =	7 − 1 =
8 − 4 =	7 − 3 =
8 − 8 =	6 − 4 =
8 − 0 =	6 − 6 =
8 − 5 =	6 − 1 =
8 − 3 =	6 − 0 =
8 − 7 =	6 − 5 =
7 − 2 =	6 − 2 =
7 − 4 =	6 − 3 =
7 − 5 =	4 − 3 =
7 − 0 =	4 − 2 =

Test 13

10 − 0 =

4 − 0 =

5 − 0 =

1 − 0 =

8 − 0 =

11 − 0 =

7 − 0 =

12 − 0 =

3 − 0 =

6 − 0 =

2 − 0 =

9 − 0 =

10 − 0 =

Test 14

8 − 3 =

7 − 7 =

9 − 3 =

5 − 4 =

1 − 1 =

7 − 6 =

9 − 7 =

2 − 1 =

6 − 5 =

8 − 5 =

5 − 5 =

9 − 5 =

4 − 2 =

Test 15	Test 16
One more than 1 =	One less than 2 =
One more than 8 =	One less than 5 =
One more than 10 =	One less than 12 =
One more than 5 =	One less than 7 =
One more than 7 =	One less than 9 =
One more than 2 =	One less than 1 =
One more than 6 =	One less than 4 =
One more than 15=	One less than 6 =
One more than 3 =	One less than 10 =
One more than 4 =	One less than 8 =
One more than 0 =	One less than 13 =
One more than 11 =	One less than 14 =
One more than 9 =	One less than 11 =

Test 17

10p – 5p =

10p – 1p =

10p – 6p =

10p – 8p =

10p – 4p =

10p – 7p =

10p – 3p =

10p – 2p =

10p – 9p =

5p + 10p =

3p + 8p =

15p + 1p =

5p + 10p =

Test 18

4p + 10p =

2p + 18p =

10p + 10p =

8p + 8p =

7p + 10p =

5p + 5p =

6p + 6p =

8p + 4p =

6p + 10p =

7p + 5p =

12p + 5p =

8p + 10p =

2p + 3p =

Test 19	Test 20
Ten more than 10 =	Ten less than 10=
Ten more than 20 =	Ten less than 20 =
Ten more than 30 =	Ten less than 30 =
Ten more than 40 =	Ten less than 40=
Ten more than 50 =	Ten less than 50 =
Ten more than 60 =	Ten less than 60 =
Ten more than 70 =	Ten less than 70=
Ten more than 80 =	Ten less than 80 =
Ten more than 90 =	Ten less than 90 =
Ten more than 25 =	Ten less than 100 =
Ten more than 35 =	Ten less than 78 =
Ten more than 55=	Ten less than 43 =
Ten more than 31 =	Ten less than 31 =

Test 21	Test 22
13 = 12 +	14 = 13 +
13 = 11 +	14 = 12 +
13 = 10 +	14 = 11 +
13 = 9 +	14 = 10 +
13 = 8 +	14 = 9 +
13 = 7 +	14 = 8 +
13 = 6 +	14 = 7 +
13 = 5 +	14 = 6 +
13 = 4 +	14 = 5 +
13 = 3 +	14 = 4 +
13 = 2 +	14 = 3 +
13 = 1 +	14 = 2 +
13 = 0 +	14 = 1 +

Test 23	Test 24
15 = 14 +	16 = 15 +
15 = 13 +	16 = 14 +
15 = 12 +	16 = 13 +
15 = 11 +	16 = 12 +
15 = 10 +	16 = 11 +
15 = 9 +	16 = 10 +
15 = 8 +	16 = 9 +
15 = 7 +	16 = 8 +
15 = 6 +	16 = 7 +
15 = 5 +	16 = 6 +
15 = 4 +	16 = 5 +
15 = 3 +	16 = 4 +
15 = 2 +	16 = 3 +

Test 25

17 = 15 +

17 = 14 +

17 = 13 +

17 = 12 +

17 = 11 +

17 = 10 +

17 = 9 +

17 = 8 +

17 = 7 +

17 = 6 +

17 = 5 +

17 = 4 +

17 = 3 +

Test 26

18 = 17 +

18 = 15 +

18 = 14 +

18 = 13 +

18 = 12 +

18 = 11 +

18 = 10 +

18 = 9 +

18 = 8 +

18 = 7 +

18 = 6 +

18 = 5 +

18 = 4 +

Test 27	Test 28
19 = 18 +	20 = 19 +
19 = 17 +	20 = 18 +
19 = 16 +	20 = 17 +
19 = 15 +	20 = 16 +
19 = 14 +	20 = 15 +
19 = 13 +	20 = 14 +
19 = 12 +	20 = 13 +
19 = 11 +	20 = 12 +
19 = 10 +	20 = 11 +
19 = 9 +	20 = 10 +
19 = 8 +	20 = 9 +
19 = 7 +	20 = 8 +
19 = 6 +	20 = 7 +

Test 29

20 = 6 +

20 = 5 +

20 = 4 +

20 = 3 +

20 = 2 +

20 = 1 +

20 = 0 +

19 = 5 +

19 = 4 +

19 = 3 +

19 = 2 +

19 = 1 +

19 = 0 +

Test 30

17 = 2 +

17 = 1 +

17 = 17 +

18 = 3 +

18 = 2 +

18 = 1 +

18 = 18 +

16 = 2 +

16 = 1 +

16 = 0 +

15 = 1 +

15 = 15 +

10 = 7 +

Test 31

2 + 14 =

17 + 3 =

4 + 13 =

9 + 10 =

12 + 4 =

8 + 11 =

12 + 5 =

10 + 7 =

6 + 10 =

6 + 12 =

14 + 5 =

18 + 8 =

8 + 8 =

Test 32

7 + 11 =

9 + 8 =

12 + 7 =

17 + 2 =

9 + 9 =

15 + 4 =

4 + 14 =

19 + 1 =

7 + 11 =

3 + 15 =

15 + 1 =

11 + 9 =

3 + 12 =

Test 33	Test 34
15 − 5 =	20 − 10 =
14 − 11 =	19 − 1 =
13 − 2 =	13 − 3 =
16 − 4 =	17 − 5 =
15 − 11 =	13 − 9 =
10 − 1 =	12 − 5 =
15 − 12 =	18 − 0 =
15 − 0 =	11 − 2 =
12 − 7 =	13 − 6 =
14 − 5 =	14 − 8 =
13 − 9 =	18 − 9 =
14 − 7 =	20 − 19 =
16 − 8 =	12 − 12 =

Test 35	Test 36
10 + 8 =	20 − 5 =
2 + 16 =	19 − 10 =
3 + 10 =	20 − 8 =
2 + 17 =	16 − 14 =
11 + 9 =	20 − 11 =
12 + 5 =	18 − 5 =
2 + 16 =	19 − 6 =
15 + 2 =	16 − 3 =
18 + 2 =	19 − 10 =
13 + 5 =	17 − 14 =
19 + 1 =	20 − 2 =
5 + 15 =	20 − 6 =
3 + 14 =	14 − 3 =

Test 37

$2 + 16 =$

$17 - 2 =$

$20 - 4 =$

$3 + 16 =$

$13 + 5 =$

$20 - 17 =$

$15 - 10 =$

$11 + 9 =$

$20 - 6 =$

$6 + 9 =$

$19 - 9 =$

$6 + 13 =$

$18 - 3 =$

Test 38

$15p - 5p =$

$12 + 8p =$

$5p + 5p =$

$20p - 15p =$

$4p + 10p+ =$

$18p - 4p =$

$6p + 9p =$

$19p - 5p =$

$7p + 13p =$

$16p - 2p =$

$12p + 3p =$

$12p + 7p =$

$13 - 3p =$

Test 39

30 + 20 =

10 + 50 =

50 + 50 =

40 + 50 =

70 + 10 =

90 + 10 =

60 + 20 =

30 + 30 =

50 + 40 =

10 + 80 =

40 + 40 =

60 + 40 =

50 + 20 =

Test 40

20 − 10 =

60 − 30 =

90 − 80 =

50 − 30 =

30 − 10 =

100 − 50 =

40 − 20 =

70 − 50 =

90 − 40 =

60 − 10 =

10 − 10 =

80 − 30 =

60 − 50 =

Test 41	Test 42
90 + 60 =	150 − 10 =
140 + 60 =	130 − 30 =
90 + 90 =	150 − 90 =
120 + 70 =	200 − 100 =
70 + 70 =	140 − 70 =
60 + 60 =	190 − 110 =
70 + 70 =	160 − 80 =
80 + 40 =	120 − 30 =
90 + 70 =	110 − 70 =
70 + 110 =	200 − 80 =
70 + 130 =	150 − 90 =
150 + 50 =	130 − 90 =
100 + 50 =	170 − 130 =

Test 44

10 x 2 =

10 x 5 =

10 x 1 =

10 x 6 =

10 x 7 =

10 x 12 =

10 x 8 =

10 x 3 =

10 x 9 =

10 x 4 =

10 x 11 =

10 x 10 =

10 x 0 =

Test 46

5 x 1 =

5 x 4 =

5 x 8 =

5 x 10 =

5 x 5 =

5 x 9 =

5 x 3 =

5 x 6 =

5 x 12 =

5 x 7 =

5 x 11 =

5 x 2 =

5 x 0 =

Exercise 1

1. Add together 8 and 6.
2. Take 2 from 12.
3. Add 8 and 9.
4. What is the sum of 15p and 5p?
5. What shape is a clock?
6. How many halves can I cut an orange into?
7. Mulitiply 2 by 5.
8. What 1 more than 24?
9. $7 + \boxed{} = 9$.
10. How many days are there in one week?
11. There are 5 pencils in one box. How many pencils are altogether in 3 boxes?
12. There 4 boys and 7 girls in Class 1. How many children are in class 1?
13. Apples cost 2p each. How many can I buy with my 10p?
14. 4 x 2 .
15. Share 10 sweets amongst 2 boys.
16. Double 8.
17. Half 14.
18. What are 3 lots of 10?
19. What are 4 groups of 2?
20. Subtract 6 from 10.

Exercise 2

1. Add 3 and 1 and 4.
2. What is the name of this shape? ☐
3. Subtract 4 from 8.
4. What number comes next? 5, 10, 15,?
5. How many tens are in 60?
6. Take 10p from 20p.
7. Isi is 6 years old. Uwa is 4 years older than him. How old is Uwa?
8. A bus carries 25 people. 5 people got off. How many people are left in the bus?
9. It is September. It is Uwa's birthday in three months. What month is Uwa's birthday in?
10. What is 1 less than 15?
11. Is 7 an even number?
12. Is 4 in the 5 times table?
13. What is the cost of 2 books at 10p each?
14. How much change do I get from 20p if I spend 8p on comics?
15. Multiply 6 by 2.
16. Double 11.
17. Half 16.
18. 17 minus 5.
19. Divide 10 by 5.
20. What are 4 lots of 5?

Exercise 3

1. Which day comes before Sunday?
2. Pam has 20 pencils. Len has half as many. How many pencils has Len?
3. What is the sum of 9 and 3?
4. Share 20 sweets among 5 girls.
5. How many lots of 2 are there in 12?
6. What is this shape called?
7. Take 8 from 20.
8. Write 15 in words.
9. How many hours are there from 8 o'clock to 11 o'clock?
10. Is 6 an even number?
11. ☐ + 12 = 20.
12. How many quarters can I get from this shape?
13. Len has 5p and 13p. How much money has he altogether?
14. Double 6.
15. Half 20.
16. Subtract 10 from 20.
17. What are 7 lots of 10?
18. What are 5 groups of 3?
19. 25 minus 5.
20. What is 5 more than 35?

Exercise 4

1. 18 plus 2.
2. What is 5 + 2 + 5?
3. What is the sum of 12 and 8?
4. Put these numbers in order, smallest first: 8, 3, 23.
5. Add 9 to 9.
6. What is 10 more than 10?
7. What day is two days after Friday?
8. How much is 50p and 50p?
9. How many sides has a rectangle? ☐
10. 40 + ☐ = 50
11. How many 5p coins can I get for my 10p coin?
12. Mum gave me 5p. Dad gave me another 12p. How much money do I have?
13. What is half of 14?
14. Write twenty in figures.
15. A bus can carry 10 people, how many people can 4 buses carry?
16. Find 10 less than 50.
17. Double 20.
18. Half 30.
19. What are 8 groups of 10?
20. What are 10 lots of 4?

Exercise 5

1. Multiply 2 by 6.
2. What is 1 less than 30?
3. 16 – 6.
4. What is the name of this shape?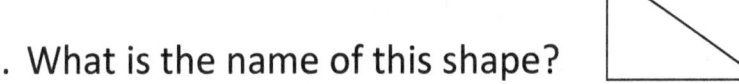
5. Which numbers are odd: 2, 5, 1, 9?
6. How many tens are there in 90?
7. How many seasons are there in one year?
8. Write the missing season: Autumn, Winter, ___, Summer.
9. How many months are there in one year?
10. Add 25 to 10.
11. Len is twice as old as Harry who is 6 years old. How old is Len?
12. 10 x ▢ = 50.
13. What is the total cost of four lollies at 10p each?
14. Take 9 from 30.
15. Multiply 3 by 10.
16. Double 14.
17. Half 24.
18. What are 6 groups of 5?
19. What are 8 lots of 5?
20. 70 minus 10.

Exercise 6

1. Find the sum of 9 and 10.
2. What is the difference between 20 and 13?
3. How many sides has a triangle?
4. Write **thirty-five** in figures.
5. Kate has three donuts. How many quarters can she cut them into?
6. Dan had 25 marbles. He lost 8 of them. How many marbles had he left?
7. Ice-cream cones cost 10p. How many can I buy with 30p?
8. Put these numbers in order, biggest first: 20, 95, 18.
9. What month comes after December?
10. How many tens are there in 70?
11. How many 50p coins make £1.00?
12. I have 50p. How much change do I get back after spending 30p?
13. Which day is three days before Monday?
14. Take 10 from 75.
15. Half 28.
16. Double 11.
17. Multiply 5 by 9.
18. Minus 12 from 36.
19. What are 9 groups of 10?
20. Find the sum of: 15, 5 and 10.

Exercise 7

1. What is double 10?
2. Take ten from 82.
3. Which month follows April?
4. Is this clockwise direction?
5. What is the total cost of 4 apples at 3p each?
6. Pam had 5p and 16p and 4p. How much did she have altogether?
7. What is the name of this shape?
8. Pick out the odd numbers: 22, 45, 81, 10.
9. Find 3 lots of 10.
10. Add together 55 and 10.
11. Which two coins make 6p?
12. Which number is larger: 2 x 5 or 3 x 4?
13. Len cut 6 apples into halves. How many halves are there?
14. What number comes next: 70, 60, 50, ?
15. Share 50p between 5 people.
16. Write 72 in words.
17. Double 25.
18. Find half of 32.
19. Group 36 into 6.
20. What is 10 more than 140?

Exercise 8

1. Double 8.
2. Take 15 from 25.
3. What is 10 less than 60?
4. 12 = 2 + 4 + ☐
5. 6 ballons are in a pack. How many ballons are there in 3 packs?
6. How many sides has a rectangle?
7. Is this a cylinder?
8. Put these numbers in order, smallest first. 110, 105, 85, 15.
9. What is 8 less than 32?
10. Complete the compasss points: North, ?, South, West.
11. How many days are there in two weeks?
12. 12 + 12.
13. How many lots of 10 are there in 100?
14. What are 10 groups of 10?
15. Double 13.
16. Half 40.
17. 45 minus 23.
18. What are 7 lots of 2?
19. Subtract 15 from 40.
20. Share 40 into 4 groups.

Exercise 9

1. Share 15 pencils among 3 girls.
2. Pam walked for 12 miles, She walked another 6 miles. How far did Pam walk?
3. Is this shape cut in half?
4. 80 + 20.
5. 8 children collected 10p each for a charity run. How much did they collect altogether?
6. What is 2 x 9?
7. Take 20 from 100.
8. What is the value of 6 in 67?
9. Which 10 coins make £1.00?
10. Is 187 an odd or even number?
11. Pam has collected 48p. How much more does she need to collect to make 60p?
12. Double 17.
13. Half 36.
14. Multiply 7 by 10.
15. How many groups of 5 are there in 50?
16. What is 65 take away 23?
17. 80 minus 15.
18. How many hours are there from 9.30am to 11.30am?
19. Find my change from 50p if I spend 45p.
20. What are 3 lots of 15?

Exercise 10

1. Share 40p among 4 boys.
2. Add 8 + 4 + 6.
3. If I have 18p and I buy a lolly for 12p. How much change do I get back?
4. What is this shape called?
5. How many 2p coins make 20p?
6. Half of a number is 15. What is the number?
7. How many sides has a rectangle?
8. Share 18 by 6.
9. Julia's 8.00 train was quarter of an hour late. When did the train arrive?
10. What number comes next: 18, 15, 12, ?
11. Are you asleep at 2am?
12. 7 + ☐ + 3 = 20
13. Chocolate bars cost 25p each. How much do 2 bars cost?
14. How long is it from 12midnight until 4am?
15. How many odd numbers are there between 14 and 24?
16. Half 44.
17. Double 21.
18. Multiply 11 by 2.
19. Divide 45 by 5.
20. How many minutes are there in 2 hours?

100 square

1	2	3	4	5	6	7	8	9	10
11	12	13	14	15	16	17	18	19	20
21	22	23	24	25	26	27	28	29	30
31	32	33	34	35	36	37	38	39	40
41	42	43	44	45	46	47	48	49	50
51	52	53	54	55	56	57	58	59	60
61	62	63	64	65	66	67	68	69	70
71	72	73	74	75	76	77	78	79	80
81	82	83	84	85	86	87	88	89	90
91	92	93	94	95	96	97	98	99	100

Times Table Square

x	1	2	3	4	5	6	7	8	9	10	11	12
1	1	2	3	4	5	6	7	8	9	10	11	12
2	2	4	6	8	10	12	14	16	18	20	22	24
3	3	6	9	12	15	18	21	24	27	30	33	36
4	4	8	12	16	20	24	28	32	36	40	44	48
5	5	10	15	20	25	30	35	40	45	50	55	60
6	6	12	18	24	30	36	42	48	54	60	66	72
7	7	14	21	28	35	42	49	56	63	70	77	84
8	8	16	24	32	40	48	56	64	72	80	88	96
9	9	18	27	36	45	54	63	72	81	90	99	108
10	10	20	30	40	50	60	70	80	90	100	110	120
11	12	22	33	44	55	66	77	88	99	110	121	132
12	14	24	36	48	60	72	84	96	108	120	132	144

1 x 1 = 1	2 x 1 = 2	3 x 1 = 3	4 x 1 = 4	5 x 1 = 5
1 x 2 = 2	2 x 2 = 4	3 x 2 = 6	4 x 2 = 8	5 x 2 = 10
1 x 3 = 3	2 x 3 = 6	3 x 3 = 9	4 x 3 = 12	5 x 3 = 15
1 x 4 = 4	2 x 4 = 8	3 x 4 = 12	4 x 4 = 16	5 x 4 = 20
1 x 5 = 5	2 x 5 = 10	3 x 5 = 15	4 x 5 = 20	5 x 5 = 25
1 x 6 = 6	2 x 6 = 12	3 x 6 = 18	4 x 6 = 24	5 x 6 = 30
1 x 7 = 7	2 x 7 = 14	3 x 7 = 21	4 x 7 = 28	5 x 7 = 35
1 x 8 = 8	2 x 8 = 16	3 x 8 = 24	4 x 8 = 32	5 x 8 = 40
1 x 9 = 9	2 x 9 = 18	3 x 9 = 27	4 x 9 = 36	5 x 9 = 45
1 x 10 = 10	2 x 10 = 20	3 x 10 = 30	4 x 10 = 40	5 x 10 = 50

6 x 1 = 6	7 x 1 = 7	8 x 1 = 8	9 x 1 = 9	10 x 1 = 10
6 x 2 = 12	7 x 2 = 14	8 x 2 = 16	9 x 2 = 18	10 x 2 = 20
6 x 3 = 18	7 x 3 = 21	8 x 3 = 24	9 x 3 = 27	10 x 3 = 30
6 x 4 = 24	7 x 4 = 28	8 x 4 = 32	9 x 4 = 36	10 x 4 = 40
6 x 5 = 30	7 x 5 = 35	8 x 5 = 40	9 x 5 = 45	10 x 5 = 50
6 x 6 = 36	7 x 6 = 42	8 x 6 = 48	9 x 6 = 54	10 x 6 = 60
6 x 7 = 42	7 x 7 = 49	8 x 7 = 56	9 x 7 = 63	10 x 7 = 70
6 x 8 = 48	7 x 8 = 56	8 x 8 = 64	9 x 8 = 72	10 x 8 = 80
6 x 9 = 54	7 x 9 = 63	8 x 9 = 72	9 x 9 = 81	10 x 9 = 90
6 x 10 = 60	7 x 10 = 70	8 x 10 = 80	9 x 10 = 90	10 x 10 = 100

Time chart

There are:	Time units	In this time unit
60	Seconds	in a Minute
60	Minutes	in an Hour
24	Hours	in a Day
7	Days	in a Week
About 30	Days	in a Month
12	Months	in a Year